Ferrari
pininfarina

26-28, rue Danielle-Casanova, Paris 75002 France
Tél. : 01 42 60 33 84 Fax : 01 42 60 33 85

Dépôt légal : 1er semestre 1997

ISBN : 2 84323 003 9

Photogravure Gravor (Suisse)
Imprimé par Artegrafica (Italie)

Achevé d'imprimer : mars 1997.

Ferrari
pininfarina

Texte de Lionel Froissart

EDITIONS ASSOULINE

C'est en 1951 qu'Enzo Ferrari, qui produit déjà quelques-unes des plus formidables voitures de sport du moment, et Battista Pininfarina qui est en train de faire de son nom une appellation de référence dans le domaine du design automobile, comprennent qu'ils ne pourront plus s'ignorer très longtemps. Depuis leur première rencontre en 1921 — trente ans déjà — à l'occasion d'une course de côte qui partait d'Aoste vers le col du Grand-Saint-Bernard, les deux maîtres se sont souvent croisé, parfois parlé sans toutefois évoquer une éventuelle collaboration. Pourtant, en ce début d'années cinquante, Ferrari comme Pininfarina doivent se rendre à l'évidence ; leur association devient nécessaire et ils le réalisent en même temps. On n'échappe pas à son destin ! Cette année-là, Enzo Ferrari, qui est en pleine diversification de ses activités, cherche un couturier pour habiller ses voitures qu'il considère comme les plus belles femmes d'Italie. Pour elles, il veut de la haute couture. Le nom de Pininfarina (un décret signé par le président de la République a officialisé le nom qui accole Pinin, diminutif du deuxième prénom de Battista à Farina) s'impose d'évidence. Un émissaire de la marque au cheval cabré est envoyé pour faire savoir que le *commendatore* ne repousse pas l'idée d'une rencontre avec le maître de la *carrozzeria* Pininfarina. Battista, enthousiasmé, fait répondre qu'il recevra volontiers le grand Enzo dans ses ateliers de Turin... En réponse, une nouvelle missive lui apprend que monsieur Enzo Ferrari ne quitte jamais Maranello, ou...

si peu ! La fierté de ces deux hommes hors du commun compromet un temps une rencontre qui marquera à jamais la grande histoire de l'automobile. C'est Sergio Farina, le jeune fils de Battista, qui trouve finalement le meilleur compromis.
Il suggère une rencontre à mi-chemin, entre Maranello et Turin. Sur la carte d'Italie, cela correspond à la petite ville de Tortona. C'est là que se fera la fameuse rencontre à l'occasion d'un déjeuner. Le temps perdu en préliminaires est vite oublié. Une fois attablés, les choses vont vite car les deux hommes parlent le même langage. Ferrari souhaite réaliser une voiture avec Pininfarina. Les techniciens de Ferrari auront la responsabilité de fournir un châssis et une mécanique. À Pininfarina d'imaginer la carrosserie la plus harmonieuse possible, sans, bien-sûr, jamais rien sacrifier à l'efficacité.
Sergio Pininfarina, convié à ce déjeuner, garde de cette rencontre un souvenir merveilleux qu'il aime à conserver jalousement dans sa mémoire. "Il existait un respect mutuel important entre Enzo Ferrari et mon père. Ils ont eu le sentiment que leur association deviendrait quelque chose de profond et de durable." Lors de ce déjeuner, Battista comprend que Ferrari et lui sont les compléments l'un de l'autre et qu'il tient désormais entre ses mains le plus précieux des bijoux. Il comprend surtout que le *commendatore* attend de Pininfarina que celui-ci donne le meilleur de lui-même.

Le milieu de l'industrie automobile, moins romantique, est plus sceptique. "Là-haut", du côté de Turin, on se dit que l'association Pinin et Ferrari ne durera pas. Loin de ces discussions de salon, les deux hommes se remettent très vite à l'ouvrage. Pour ce dossier exceptionnel, peut-être celui de sa vie, Battista a choisi son fils Sergio, ingénieur fraîchement doté d'un diplôme en mécanique de l'École polytechnique de Turin, en qui il a une immense confiance. Sergio s'installe au bureau d'études de l'Esperienza. Il y planchera des heures durant sous l'œil critique de son père.

Chez Pininfarina, le mariage avec Ferrari occupe tous les esprits. Les deux maisons sont relativement jeunes, mais d'instinct c'est bien de produire le meilleur de la qualité qui obsède chacun des ouvriers concernés. C'est un point philosophique majeur, la façon la plus intelligente de traduire un héritage de traditions et d'excellence. Chacun sait qu'il possède à la pointe de son crayon ou dans la précision d'un coup de marteau une part du rêve qui auréolera la prochaine Ferrari. Si la *scuderia* Ferrari a été créée en 1929, le nom de Pininfarina, lui, s'est peu à peu imposé depuis le début du siècle, avant même la création de la *carrozzeria* Pininfarina, en 1930. Battista Farina a vu le jour dans la banlieue de Turin, au cœur de la très active et très riche région du Piémont. Au début du siècle, la grande cité italienne oriente déjà l'essentiel de son activité économique vers l'automobile. Battista fait connaissance avec ce monde dès l'âge de 12 ans par l'intermédiaire de ses frères aînés, Giovanni et Carlo, qui ouvrent un petit atelier de carrosserie au cœur de Turin. Très vite, malgré la concurrence d'une multitude d'autres artisans, la qualité de leur travail est appréciée par les industriels de la région. Battista Farina reçoit même les félicitations du fondateur de la Fiat installé à Turin, Giovanni Agnelli en personne, pour avoir dessiné le radiateur de la Fiat zéro, puis la carrosserie de cette jolie torpédo longue et fine. Un fameux coup de crayon qui en appelle d'autres. Au sortir du premier conflit mondial, la carrosserie des frères Farina retrouve sa vitesse de croisière. Battista Farina comprend qu'il est né pour accompagner l'histoire de l'automobile. Passionné de compétition automobile, Battista Farina a pourtant des projets beaucoup plus sérieux en tête.

Il comprend que la carrosserie artisanale n'a pas d'avenir. Il ne se présente pas tous les jours un prince fortuné pour prendre commande d'une carrosserie unique et hors de prix. L'avenir, c'est l'industrie. Battista décide donc de quitter les ateliers de ses frères pour créer sa propre marque la *carrozzeria* Pinin Farina voit le jour en 1930, et s'installe au 107 du Corso Trapani à Turin. Outre Fiat, Battista Farina collabore désormais avec tout — ou presque — ce que l'Italie compte de constructeurs automobiles. Battista Farina passe l'essentiel de ses jours et une bonne partie de ses nuits entre ses bureaux d'études et les ateliers de la *carrozzeria* à surveiller le galbe d'un capot, le coup de marteau décisif sur une forme, ou encore rectifier une esquisse sur une feuille à dessin. À cette allure les années passent vite. Une nouvelle guerre mondiale ralentit pourtant la croissance des grandes industries du nord de l'Italie. Mais au Noël de l'année 1946, c'est un autre drame qui frappe la petite entreprise turinoise. Un incendie ravage les ateliers du Corso Trapani. Au petit jour, il ne reste rien ou presque de ce qui fut la fière et ambitieuse *carrozzeria* Farina. Seuls les premiers exemplaires de la petite Cisitalia ont été épargnés, à l'abri dans un atelier resté à l'écart du brasier. Cette Cisitalia qui va être déterminante pour la réputation du carrossier italien, bientôt reconnu comme un styliste hors pair. En 1951, la Cisitalia 202, cet audacieux petit coupé né sur une planche à dessin de la maison Pininfarina, fait son entrée au musée d'Art moderne de New York au sein de l'exposition permanente, au titre de sculpture automotrice en mouvement ! Cette consécration du designer italien lui permet d'obtenir la reconnaissance du monde artistique. Les amoureux de l'automobile n'avaient pas attendu, eux, pour la lui accorder. Au-delà des louanges et des félicitations, Battista Farina considère surtout que la Cisitalia, grâce à ses formes faites de rondeurs aérodynamiques, lui a ouvert les portes vers le monde de la vitesse. “Pour moi, la vitesse représente une émotion permanente” devait-il reconnaître dans sa biographie. On imagine donc son impatience à attendre la concrétisation de la rencontre qui vient d'avoir lieu avec Enzo Ferrari. Les bureaux d'études de la *carrozzeria* ont eu carte blanche sur le thème sportif appliqué à une Ferrari. Enfin, Battista Farina, que l'on présente alors comme un fanatique de la rigueur, peut à sa guise effacer de l'automobile “toute trace mélodramatique, monumentale et visionnaire, et surtout la débarrasser des prétentions décoratives”. Enzo Ferrari est d'accord sur ce point. L'esthétique a beaucoup à y gagner.

au début de l'été 1952, à peine plus d'un an après la fameuse rencontre de Tortona, la première Ferrari carrossée par Pininfarina est dévoilée. C'est la 212 Inter. On relève sur ce cabriolet quelques petits problèmes de proportions, à cause de l'encombrement inhabituel du moteur Ferrari. Ces détails sont rapidement gommés. Déjà, on se plaît à souligner la sobriété du modèle. Le premier châssis de la 212 Inter prend la route de la Suisse pour un client identifié comme étant George Filipinetti, un ferrariste de la première heure. Avec l'avènement de cette 212 Inter, dont dix-sept exemplaires ont été répertoriés, la fusion de l'excellence en matière de dessin automobile et la maîtrise des contraintes propres aux voitures de sport viennent de naître. Au cours des premières années de l'association Ferrari-Pininfarina, le succès ne se dément pas. La tournée des salons automobiles est étourdissante. Après Bruxelles et la 212 Inter, c'est à Turin que Pininfarina présente la 375 MM. Selon les termes du dessinateur lui-même, ce sont là les deux premiers "enfants" de ce mariage d'amour et de raison entre Ferrari et "l'atelier d'artistes" de Turin. Le Salon de Paris 1954 a le privilège de dévoiler en première mondiale deux nouveautés du couturier des carrosseries. C'est la 250 GT berlinetta qui est, à coup sûr, l'une des plus belles automobiles jamais dessinées. Sous la voûte du Grand-Palais rutile également une berline 375 America, commandée par l'actrice Ingrid Bergman, une inconditionnelle de la marque au cheval cabré. À l'époque, Enzo Ferrari et Pininfarina ont déjà dépassé le stade de la simple collaboration technique ou commerciale. Une véritable complicité les unit. Mais ils ne veulent rien en dire. Infatigable, Pininfarina dessine beaucoup. Un style est en train de naître. Le temps n'a fait que renforcer cette réussite absolue qui permet aujourd'hui de reconnaître au premier coup d'œil une Ferrari et surtout de la distinguer entre toutes les autres voitures de tourisme à vocation sportive. Et il n'est pas toujours nécessaire qu'elle soit rouge (à l'époque, la couleur des voitures italiennes en compétition) ou jaune (la couleur de la ville de Modène) pour affirmer son identité.

Cette association passionnée a bien sûr accéléré de façon inattendue les progrès de l'automobile sportive. Avec le succès, Pininfarina a su moderniser son outil industriel pour lui permettre de faire face à ses carnets de commandes sans cesse surchargés, en ne perdant jamais de vue que la créativité est bien la matière première dans ce genre d'activité. Pininfarina, son fils Sergio, son gendre Renzo (qu'il considère également comme un fils) s'agrandissent et se dotent de moyens de calcul dignes des plus grandes firmes. Ainsi, visionnaires, ils prévoient une imposante soufflerie au cœur de la nouvelle usine qu'ils font construire dans les faubourgs de Turin, avec vue sur les Alpes. La puissance des montagnes et leur majesté pourra sans doute contribuer à doper l'imagination des dessinateurs. À l'horizon des années soixante, Battista Farina prépare l'avenir en douceur. Mais sa personnalité a renforcé durablement les fondations de la grande maison qu'il a fait prospérer jusque-là. Sergio, le fils, résumera d'ailleurs fort bien la situation en constatant la dimension prise dans le monde de l'automobile par son père : "Il a tout créé chez Pininfarina. Il fut comme un liquide géant qui recouvrait tout et tous. Il n'y avait pas moyen de faire surface à ses côtés."

Et pourtant, à partir de 1965, Sergio Pininfarina et Renzo Carli, outre la gestion courante de l'entreprise, consacrent l'essentiel de leur énergie créatrice à la mise en forme de ce qui deviendra un peu plus tard la "petite" Ferrari 246 GT. Il s'agit là d'un projet qui rapprochera à jamais Pininfarina et Ferrari. Pininfarina avouera en découvrant les dernières esquisses de la Dino : "Cette Dino est précisément l'inattendu que je voulais de mes fils. Le meilleur projet ou système est toujours le dernier, celui des jeunes. Voilà un démenti exemplaire pour ceux qui prétendent que dans notre secteur le goût est à l'agonie." Mais l'histoire de la Dino est ailleurs. Cette voiture très compacte, aux galbes irrésistibles, est surtout propulsée par un nouveau moteur conçu par Alfredino, le fils adoré d'Enzo Ferrari. C'est sur son lit d'hôpital que "Dino" a imaginé et dessiné ce petit six-cylindres en V, alimentés par trois carburateurs double corps inversés. Mais le point le plus révolutionnaire de cette voiture n'est pas visible. Pour la première fois depuis le début de leur fructueuse collaboration, les techniciens des automobiles Ferrari, l'*ingeniere* Ferrari en tête, et les concepteurs de Pininfarina se sont opposés des semaines durant sur un point technique. Pininfarina voulait une voiture à moteur central, idée qui paraissait totalement saugrenue à Enzo Ferrari. Pour lui, le moteur de ses bolides devait se trouver devant le conducteur et nulle part ailleurs. Un épineux problème se posait. Enzo Ferrari possédant un caractère aussi fort que ses idées, on ne sait pas comment Pininfarina réussit finalement à convaincre le constructeur de Maranello d'aller, cette fois, à l'encontre de ses principes. L'idée de placer le moteur de la Dino en position centrale fut finalement acceptée. Une première chez Ferrari pour ce modèle non conçu pour la compétition. Terrible destin, Dino le fils chéri, emporté par un virus, n'entendra jamais le feulement de ce fameux moteur, son moteur. Après sa disparition, la personnalité de l'*ingeniere* de Maranello se durcira un peu plus. La légende affirme qu'Enzo termina l'œuvre de son fils sur la tombe de celui-ci dans le cimetière de Modène.

Le prototype de la Dino berlinetta spéciale est présenté au Salon de Paris en 1965. Les Dino GT et la 206 GT suivront. Le modèle Dino reçoit un succès mérité. Son côté novateur est unanimement salué et les habituels clients du cheval cabré ne s'y trompent pas. Avec le recul du temps, Sergio Pininfarina considère la Dino comme une création essentielle du duo Ferrari-Pininfarina, cette berlinette ayant influencé le design de la plupart des voitures de sport qui lui ont succédé, toutes marques confondues. Elle restera comme une voiture révolutionnaire qui a posé les jalons du développement des Ferrari à moteur central. Outre son succès, la Dino dont l'existence au catalogue s'est prolongée pendant vingt ans (une longévité exceptionnelle, même pour une voiture aussi exclusive) a aussi une histoire humaine et sentimentale unique. Car Battista Pininfarina a lui aussi quitté l'histoire de la Dino en marche. Il achève sa vie dans une clinique de Lausanne, alors que la Ferrari dessinée par ses fils prend forme sur les planches à dessin. Le 3 avril 1966 Battista Pininfarina "s'évade" comme il le pressentait, serein. Une chambre mortuaire est aménagée dans l'usine Pininfarina. Enzo Ferrari entreprend le déplacement vers Turin qu'il n'avait jamais effectué jusque-là. Il tient à rendre un dernier hommage à l'ami, au maître. L'association de leurs deux noms a tant donné au monde de l'automobile. "Maintenant, il faut que l'on se tutoie" dit-il simplement à Sergio Pininfarina en sortant de la pièce où repose le corps de son père. Ce privilège, Enzo Ferrari ne l'accordait que rarement. C'est sa façon à lui de signifier à l'héritier Pininfarina qu'il mérite sa confiance. Sergio Pininfarina s'emploie alors à préserver l'identité de l'entreprise qu'il dirige désormais. Il sait judicieusement offrir les responsabilités de la création aux jeunes dessinateurs et reconnaît : "Je ne peux plus, comme mon père le faisait autrefois, consacrer des jours entiers à des dessins de style. Toutefois, il n'est pas question d'abandonner la créativité. Mon rôle est de donner une inspiration." Alors que le créateur de la Pininfarina travaillait à l'instinct, Sergio, profitant de sa formation technique, introduit un peu plus de rationalité dans l'entreprise.

Ainsi, la saga continue avec un succès que rien ne semble devoir altérer. En 1968, Ferrari présente sa superbe 365 GTB/4, plus connue sous la simple appellation de Daytona. Cette "grande" berlinette dotée d'un superbe moteur douze cylindres placé à l'avant est malheureusement victime de son succès. Elle devient très vite un objet de collection. On ne croise que trop rarement sa silhouette effilée sur les routes. Aujourd'hui, on retient surtout de cette Daytona son capot avant interminable et sa ligne riche de quelques détails qui ont contribué à son succès. Le temps n'a en rien altéré la perfection de cette silhouette mariant une fois de plus avec bonheur élégance et agressivité, loin de l'ostentatoire. Le plus critique des stylistes ne peut que rester muet d'admiration devant une telle réalisation, capable d'intégrer avec une harmonie à couper le souffle ce coup de crayon décisif vers l'avant et cette simplicité, pourtant sensuelle, de la courte partie arrière. Et le catalogue que partagent Pininfarina et Ferrari ne cesse de s'enrichir. À chaque présentation l'enchantement est le même. Comment les géniaux dessinateurs de Turin, soumis à des contraintes technologiques et de sécurité de plus en plus strictes, parviennent-ils encore à surprendre et à innover ?

Que l'on soit ferrariste ou non, la contemplation d'une voiture de Maranello reste un étonnement, un régal, rarement une déception. La magie de cette discrète signature Pininfarina sur un bas de caisse est toujours réelle et au sens le plus strict de cet art. Le mystère demeure et la fascination grandit. Quatre ans après la Daytona, Pininfarina démontre l'ouverture d'esprit de ses dessinateurs. Le Salon de Paris accueille une merveille, la 365 GT/4. Elle peut recevoir quatre personnes dans un habitacle qui ne renonce pas pour autant à sa vocation sportive. Ses lignes seront encore apurées avec l'apparition d'un coupé 2 + 2 (automatique !) puis d'une 412 qui se caractérise par une élégance irrésistible. Il ne s'est d'ailleurs pas présenté beaucoup d'amoureux de la marque au cheval cabré pour critiquer cette ligne d'une pureté et d'une simplicité rares. La 412 fut l'une des Ferrari les plus bourgeoises jamais produites. Elle aurait pu avoir une "sœur" plus cossue encore, mais il y eut le veto d'Enzo Ferrari lui-même. Pour marquer le cinquantième anniversaire de Pininfarina, le styliste envisageait de créer avec la Pinin une imposante berline quatre portes motorisée par un gros douze-cylindres Ferrari de cinq litres. Dans l'esprit de Ferrari, ce projet s'éloignait trop de sa vision de la voiture de sport. Présentée au Salon de Turin de 1980, la Pinin quatre places n'est finalement restée qu'un exercice de style.

Cette "déception" n'est qu'un épisode pour Pininfarina qui entreprend l'étude de ce qui sera en 1984 la Testarossa et un succès que même les plus optimistes n'attendaient pas. Cette Testarossa est évidemment entièrement tournée vers la performance. Elle succède à la 512 BB qui fut très appréciée des ferraristes purs et durs. La Testarossa connaît un succès incroyable. Les ateliers de Pininfarina étaient programmés pour en produire deux exemplaires par jour. Au plus fort des commandes, ce sont sept voitures qui effectuaient leurs premiers tours de roues sur la via Abetone pour le traditionnel essai de roulage avant livraison. Pour la Testarossa, l'idée force consiste à remettre au goût du jour un style esquissé dans le passé mais appliqué cette fois de façon moins timide. Le recul des radiateurs a conditionné le dessin des parois latérales dominées par deux grands "convoyeurs" d'air qui renforcent l'image de puissance et d'agressivité de la voiture. Ces deux paramètres résument bien le caractère de la Testarossa. Ce modèle entretient avec succès le rêve qui accompagne la plupart des modèles frappés du *cavalino rampante*. Tous les acheteurs de Ferrari y trouvent leur compte. Il y a les têtes couronnées, les inconditionnels, ceux qui voient dans l'acquisition d'une Ferrari carrossée par Pininfarina l'affirmation d'une forme de puissance et de représentation. La présentation de la

456 GT en 1992 démontre de façon significative à quel point le catalogue Ferrari s'est enrichi. Il s'agit là d'une 2 + 2 qui veut rétablir la juste distance qui s'était réduite, d'année en année, entre la classique Grand Tourisme Ferrari et les autres voitures de série haut de gamme. Cette 456 préserve une fois encore cet esprit Ferrari qui ne peut se ramener qu'en partie à une explication rationnelle.

Une Ferrari reconnaissable entre toutes les autres "machines" dotées de quatre roues se traduit "par un système global de symboles, qui appartiennent tous à un héritage formel toujours vivant et riche. C'est là le résultat d'une cohérence stylistique globale, un judicieux dosage d'innovation et de respect de la tradition" tentent d'expliquer les stylistes de la Pininfarina. Avec chaque nouvelle Ferrari, les artistes de la Pininfarina se donnent comme défi de dépasser le modèle qui l'a précédée. Pininfarina sait aussi honorer les dates clés de l'histoire Ferrari. La F40, produite à mille trois cents exemplaires, a ainsi marqué le quarantième anniversaire de la marque de Maranello. Ce fut le dernier modèle pour lequel Enzo Ferrari a imposé ses directives avant de s'éteindre en 1988. La F40 est aussi l'une des rares Ferrari dessinées par Pininfarina, sacrifiant un peu à l'esthétique pour mieux répondre aux exigences de l'aérodynamique. Logiquement la F50 est née dix ans plus tard. Cette voiture au caractère sportif très affirmé a été directement inspirée par la formule 1. C'est la première fois qu'un constructeur de modèles de sport osait ce rapprochement en usant de toutes les connaissances et matériaux employés au sommet de la technologie sportive automobile. Compte tenu des performances obtenues au volant de cette flèche propulsée par un V12 de plus de cinq cents chevaux on n'osait pas espérer mieux dans le genre. Une hypothèse désolante d'autant que la F50 fut réservée à trois cent quarante-neuf privilégiés. Et pourtant, il y eut la Maranello F550. Présentée au Salon de Paris en 1996, elle a démontré que le sillon tracé au fil du temps par Pininfarina et Ferrari est profond et fertile. Avec ce modèle, Ferrari renoue avec le moteur à l'avant sur une berlinette à forte vocation sportive. C'est l'héritière de la Testarossa pour laquelle Pininfarina a réalisé un design qui concilie le caractère d'une voiture aux performances extrêmes destinées à offrir les plus grandes émotions à qui la pilote sans négliger le confort de la vie à bord. Le styliste italien affirme qu'il s'agit là d'une réalisation au design tourné vers le futur et le rationnel. Toutes les solutions analysées et explorées par Ferrari ont été vérifiées et affinées par Pininfarina. Le résultat s'inscrit dans la tradition : un style sobre, efficace et reconnaissable entre tous. C'est une forme d'expression simple qui traduit la beauté appliquée à l'automobile.

À la veille de franchir le cap du XXIe siècle, l'aventure Pininfarina ne semble pas prête de s'achever. Comme les histoires à succès, les épisodes se succèdent, mais sans jamais lasser. Mieux, la relève est encore une fois assurée. Sergio Pininfarina, qui aspire désormais à plus de loisirs, a déjà passé le relais à ses fils Andrea et Paolo, comme l'avait fait son père pour lui-même il y a quelques années. Ainsi, quand les automobiles Ferrari fêteront leur centenaire, il y a fort à parier que le modèle marquant cet anniversaire sera signé Pininfarina.

GE·8057

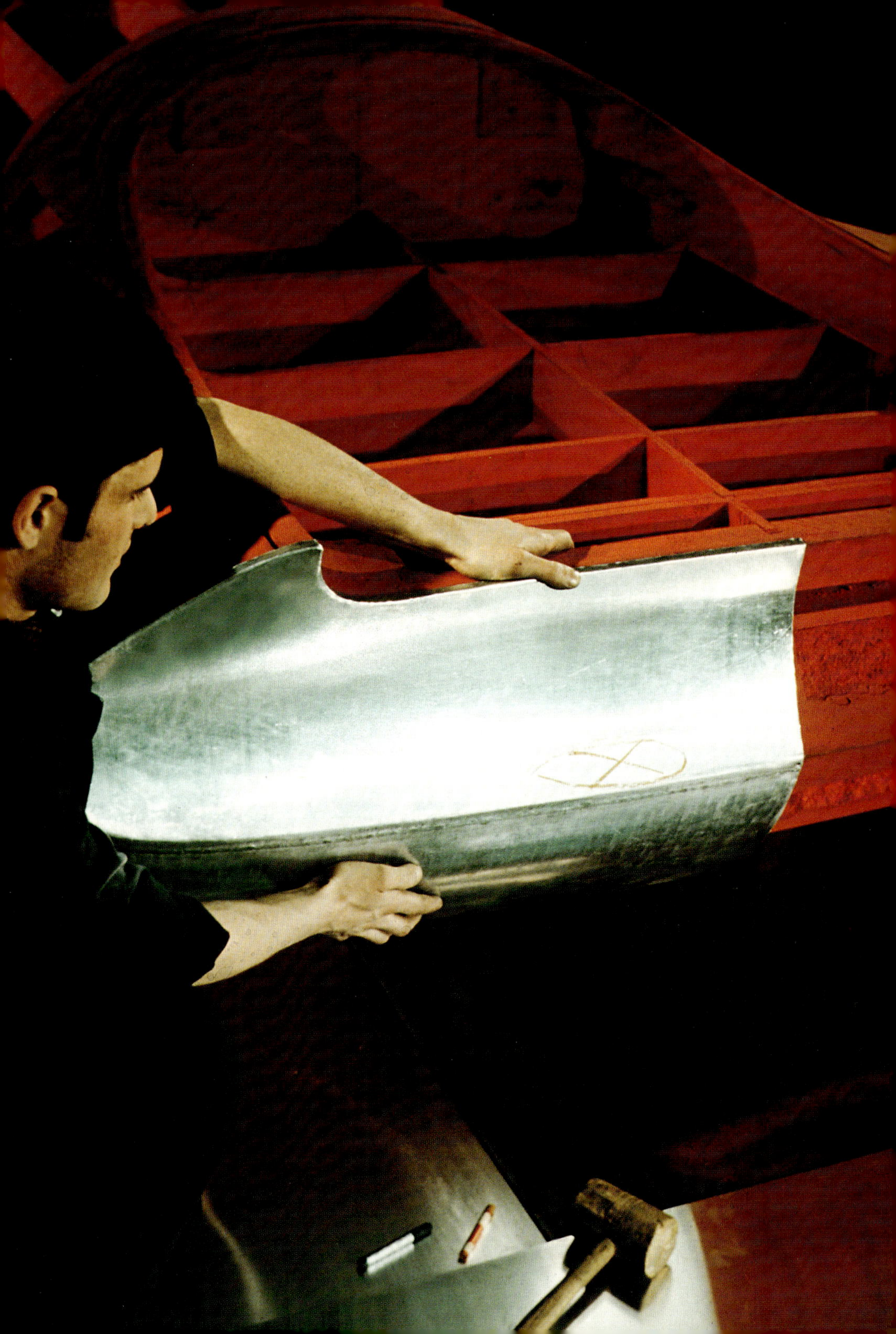

6

400 SUPERAMERICA, 1961-1964

250 GT BERLINETTA S.W.B., 1959-1962

LE MANS BERLINETTA SPERIMENTALE, 1961

500 SUPER FAST, 1964-1966

275 GTS, 1964-1966

275 GTB, 1964-1966

AMPIONI
LO SPORT
PARLANO
miracolo a Maranel
LE AUTO I PILOTI LE C
DI UN'ANNATA CH
ANNUNCIA ATOMICA IN
INTERVISTA ESCLUSIV
LA SERIE D'ORO DEL

CD 75IT4076
A Monsieur Pinin Farina
En souvenir de deux de
Le

plus beaux enfants

Turin, le 8 Octobre 1955

ABBAGLIANTE D
ABBAGLIANTE S
ANTIABBAGLIAN. D-S
ANTINEBBIA
Anti-brouillard
LUCE DI POSIZ-TARG
SPINTEROGENI
GIRI x 100

ACQUA
Km/ORA

DINO

un'impronta unica: linea pininfarina

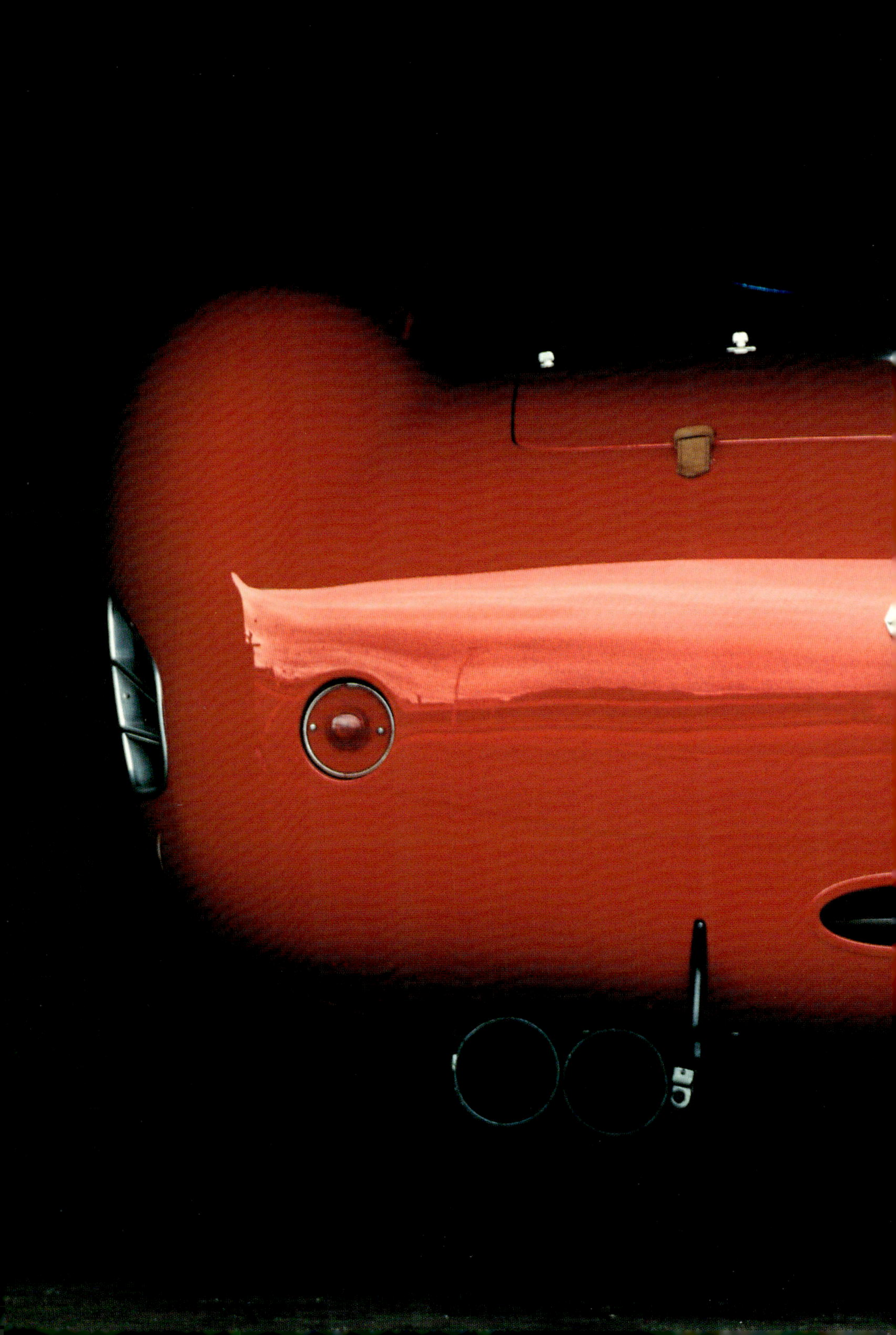

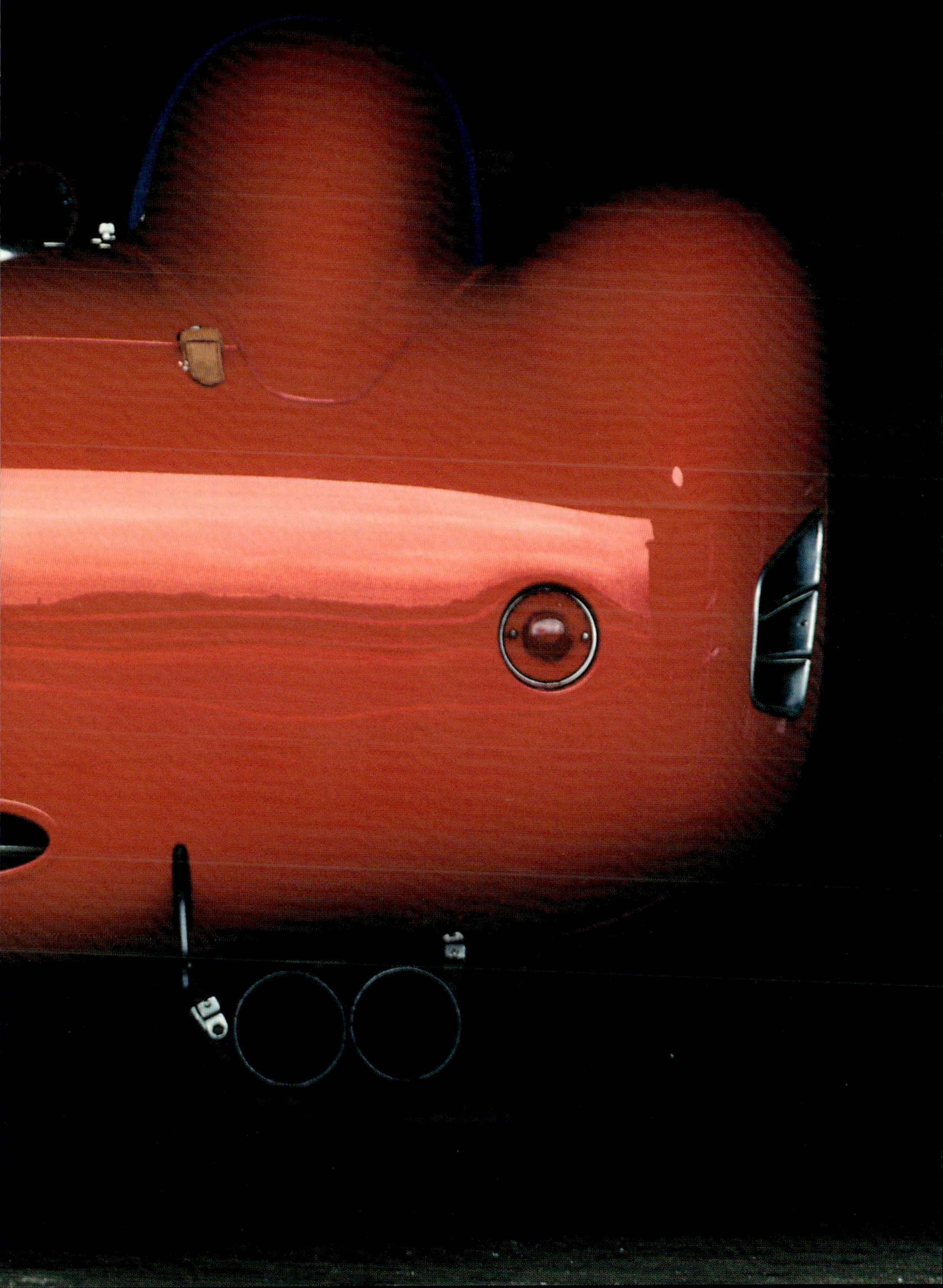

LINEA PININFARINA

330 GTC, 1965-1967

330 GTS, 1966

275 GTB/4, 1966-1968

365 CALIFORNIA, 1966

DINO 206 GT, 1967-1969

DINO 246 GT, 1969-1974

365 GTB/4 (DAYTONA), 1968-1973

DINO 246 GTS, 1972-1974

linea pininfarina

365 GTS/4, 1971

308 GTB, 1975

365 BB (BOXER), 1973-1976

400 GT AUTOMATIC, 1976

BB 512 (BERLINETTA BOXER), 1976

308 GTS, 1977

MONDIAL 8, 1980

GTO, 1984

pininfarina

pininfarina

Shell
GOODYEAR
Marlboro
5
Asprey
PIONEER
Marlboro
GOODYEAR
TELECOM
EAGLE
EAGLE

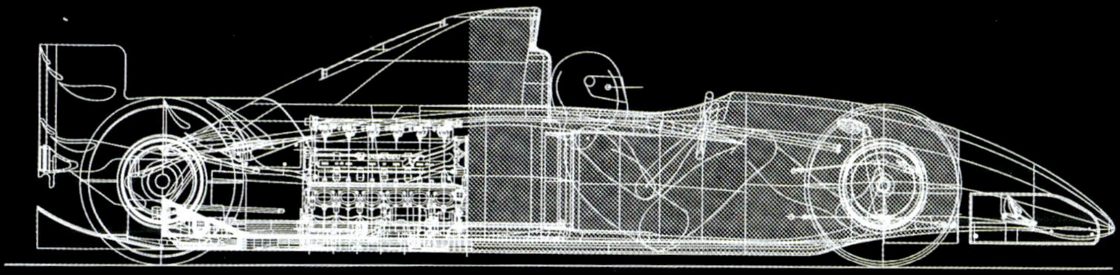

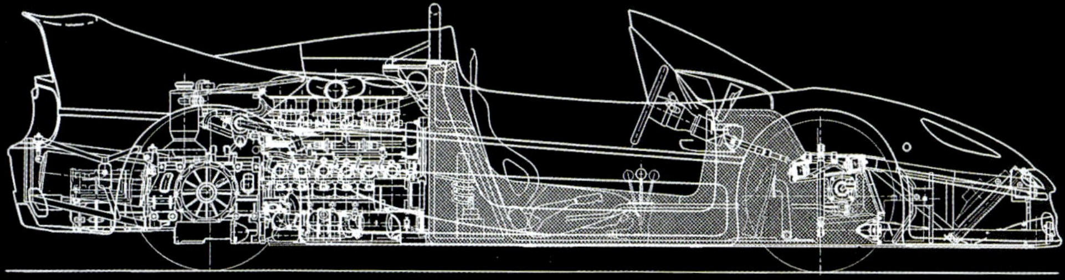

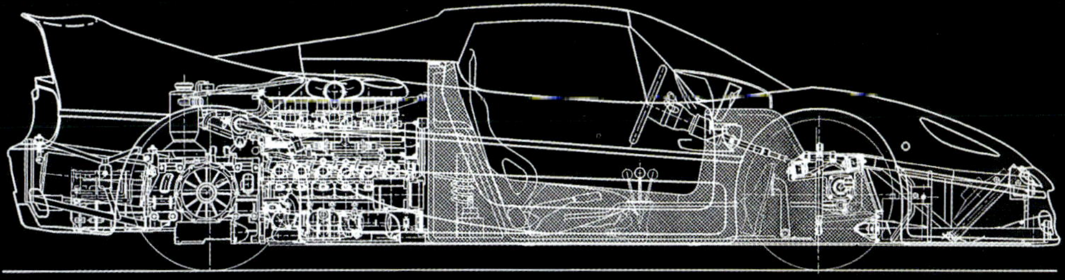

1 3 5
2 4 6 R

Modèles Ferrari & Pininfarina

1952 : 212 Inter cabriolet (2 versions)

1953 : 212 Inter coupé
250 Mille Miglia coupé
340 Mille Miglia coupé
342 América cabriolet (2 versions)
342 América coupé (2 versions)
212 Inter coupé (dernière version)
166 Mille Miglia berlinetta
375 América coupé
375 Mille Miglia coupé (1re version)
375 Mille Miglia Spider (2 versions)
250 Europa coupé (2 versions)

1954 : 500 Mondial Spider
375 Plus Spider
375 Mille Miglia coupé
(2e à 4e versions)
250 Europa coupé
(3e et 4e versions)
250 Europa cabriolet
375 Mille Miglia Spider (3e version)
250 Monza Spider
750 Sport Spider
500 Mondial berlinetta
250 GT coupé
375 Mille Miglia berlinetta

1955 : 375 Mille Miglia berlinetta
(2e version)
250 GT coupé (2e à 6e versions)
375 Mille Miglia coupé (5e version)
375 América coupé (2e version)
375 América Spider

1956 : 250 GT coupé (7e et 8e versions)
410 Super América coupé (2 versions)
410 SA Super Fast I

1957 : 250 GT Spider (3 versions)
250 GT cabriolet
250 GT coupé (9e version)
410 Super América coupé SF

1958 : 250 GT coupé (10e à 16e versions)
410 Super América coupé (3e version)

1959 : 250 GT coupé (17e version)
250 Testa Rossa spider
410 Super América coupé (4e et 5e versions)
250 berlinetta "intérim"

1960 : 250 GT cabriolet (2e et 3e versions)
400 Super América cabriolet (2 versions)
250 berlinetta SWB 1
250 GT spider (3e version)
400 SA Super Fast II
250 GT coupé 2+2 (3 versions)

1961 : berlinetta SWB 2
250 GT coupé 2+2 (4e version)
400 Super América coupé SF II
400 Super América coupé
400 Super América cabriolet
(3e version)
250 GT Le Mans berlinetta
250 GT coupé spéciale (2 versions)

1962 : 400 SA Super Fast III
250 GT cabriolet (4e version)
400 Super América cabriolet
(4e version)
400 SA Super Fast IV
400 Super América coupé
(2e et 3e versions)

1963 : 250 GT berlinetta (3 versions)
400 Super América coupé (4e et 5e versions)
250 GT coupé 2+2 (5e version)
330 Le Mans berlinetta
250 Le Mans berlinetta (2e version)

1964 : 330 GT coupé 2+2
500 Super Fast
275 GTS spider
275 GTB berlinetta

1965 : 330 GT coupé 2+2 (2e version)
275 GTS spider (2e version)
275 GTB berlinetta (2e version)

275 GTB berlinetta spéciale
275 GTB berlinetta aérodynamique
250 Le Mans berlinetta spéciale
Dino berlinetta spéciale
275 Spider NART

1966 : 275 GTB/4 berlinetta
365 California cabriolet
330 GTC coupé
330 GTS Spider
365 P berlinetta
Dino berlinetta GT

1967 : 365 P II berlinetta
330 GTC coupé spéciale
Dino berlinetta
365 GT coupé 2+2
Dino 206 GT coupé

1968 : Dino 206 GT coupé (2e version)
250 P 5 berlinetta
Dino 206 GT berlinetta
365 GTB/4 Daytona
P 6 berlinetta

1969 : 365 GTS Spider
365 GTC coupé (2e version)
365 GTS/4 Daytona Spider
365 GTB/4 coupé spéciale
512 S berlinetta spéciale

1970 : 512 S Modulo

1971 : 365 GTC/4 coupé
365 GTB/4 Daytona
BB berlinetta boxer (prot.)

1972 : Dino 246 GTS Spider
365 GT/4 coupé 2+2

1973 : 365 GT/4 BB berlinetta

1974 : CR 25

1975 : 308 GTB berlinetta

1976 : BB 512 berlinetta
400 automatic

1977 : 308 GTB coupé spéciale
308 GTS Spider

1980 : Mondial 8 coupé 2+2
Pinin berlina

1981 : BB 512 i berlinetta

1982 : 400 i coupé 2+2
208 turbo berlinetta

1983 : 208 turbo Spider
Mondial cabriolet 2+2

1984 : GTO berlinetta
Testarossa berlinetta

1985 : 412 coupé 2+2
328 GTB berlinetta
328 GTS Spider
Mondial 3,2 coupé
Mondial 3,2 cabriolet

1986 : Turbo GTB berlinetta
Turbo GTS Spider
Testarossa Spider

1987 : F 40
I cruscotti

1989 : 348 berlinetta
348 cabriolet
Mythos (Pininfarina *concept car*)

1992 : 512 TR berlinetta
456 GT berlinetta

1993 : 348 Spider

1994 : F355 berlinetta
F512M berlinetta

1995 : F50

1996 : 550 Maranello berlinetta

Les différentes versions correspondent à des modifications ayant affecté la carrosserie. La différence peut être infime, comme la modification d'une entrée d'air ou, au contraire, radicale, jusqu'à modifier de façon évidente l'esthétique du modèle concerné. Quand la désignation numérique ne change pas, les caractéristiques du moteur restent identiques.

Ferrari & Pininfarina

Le premier modèle. La 212 Inter (1952) marque le début d'une fructueuse collaboration entre Enzo Ferrari et Battista Pininfarina. Ce cabriolet 2 places met en avant une imposante grille de calandre qui évoque les monoplaces Ferrari, championnes du monde de l'époque. La 212 Inter est devenue un objet de collection très convoité. À gauche, © Archives Pininfarina. À droite, © Peter Vann.

Qualité artisanale et industrie automobile. La main de l'homme assure la finition dans les ateliers de conception de la Pininfarina. © Archives Pininfarina.
Jusqu'aux derniers jours de sa vie, Battista Pininfarina a trouvé du plaisir à s'attarder dans ses usines au milieu de ses collaborateurs. Le concernant, parler de la "patte" du maître n'est pas un lieu commun. © Archives Pininfarina.

Des ateliers de haute couture. La première voiture à porter officiellement le nom de Ferrari fut le modèle 125 S en 1947. À l'époque, une majorité de voitures sortant des ateliers Ferrari à Maranello passait immédiatement par le service course pour y recevoir une préparation spécifique à la compétition. © D.R.

Les années soixante. Page de gauche : 400 Superamérica 1961-1964, V 12, 3967 cc, 250 GT berlinetta SWB 1959-1962, V 12, 2953 cc ; Le Mans berlinetta sperimentale, 1961, V 12, 2953 cc. Page de droite : 500 Superfast, 1964-1966, V 12, 4963 cc ; 275 GTS, 1964-1966, V 12, 3285 cc ; 275 GTB, 1964-1966, V 12, 3285 cc. © D.R.

"Miracle à Maranello". Ainsi titra la presse italienne en février 1955 lorsque Enzo Ferrari, l'*Ingeniere*, accepte de poser pour les photographes au volant d'une de ses voitures ornée du déjà célèbre cheval cabré. © D.R. Battista Pininfarina a vécu dès son plus jeune âge dans un environnement tourné vers l'industrie automobile. C'est dans le petit atelier de carrosserie ouvert par deux de ses frères que lui est venu le goût des formes et des lignes. © Archives Pininfarina.

La perfection du détail. Cabriolet ou coupé, la ligne d'exception de la 275 GTB/4 restitue tout le génie de Pininfarina qui signe ses chefs-d'œuvre de quelques détails qui font la différence. Sur ce modèle, certains restent sans voix en admirant le léger bossage de l'aile arrière ou le dessin sans faute de la "lèvre supérieure" du museau. © Peter Vann.

L'exception. En octobre 1955, le roi Léopold de Belgique, amateur et connaisseur de la chose automobile, n'a pas résisté à l'envie de marquer sa reconnaissance au génial styliste de Turin pour avoir créé des bijoux aussi resplendissants que les 340 América (1953) et 250 GT (1954). © Archives Pininfarina.

L'art de la finition. Quand Enzo Ferrari et Battista Pininfarina décidèrent enfin de mettre en marche un principe de collaboration, celle-ci fut totale. Le styliste de Turin reçut carte blanche pour "habiller" les châssis et moteur que lui livrait l'usine Ferrari. Si une Ferrari signée du "P" de Pininfarina se reconnaît au premier coup d'oeil, elle se distingue aussi par des points de détail comme dans l'habitacle de cette 375 Mille Miglia destinée à la compétition. © Peter Vann.

La nouvelle génération. Sergio Pininfarina et Renzo Carli assurent la succesion de Battista Pininfarina à la tête de l'entreprise familiale. Ils posent auprès de la maquette de travail d'une Ferrari 250 GT. © Archives Pininfarina.

Entre hommage et innovation. La Dino fut l'un des plus grands chantiers entrepris par Ferrari et Pininfarina. Pour Ferrari, il était question de transmettre avec la plus grande fidélité possible l'œuvre qu'avait initiée Dino Ferrari, le fils du célèbre *Ingeniere*. Pour Pininfarina, il s'agissait de faire accepter à son partenaire une philosophie novatrice – celle du moteur disposé en position centrale. © Archives Pininfarina.

L'empreinte d'un style. Comment symboliser plus clairement l'empreinte de la Pininfarina laissée sur la plupart des modèles Ferrari ? Ici, une Dino Berlinetta speciale présentée au Salon de Paris 1965. Les fils Pininfarina développeront cette ligne pour présenter un peu plus tard la Dino 206 GT. © Archives Pininfarina. Avant d'être de métal, les Ferrari sont de bois. L'une de ses maquettes grandeur nature est exposée dans le hall de la Pininfarina à Turin. © Bernard Asset.

Inventivité. Une voiture de race se doit de posséder des accessoires dignes de son rang. Seul un styliste de grand talent peut rendre esthétique un déflecteur de vitre latérale, la courbe d'une gouttière de porte ou le galbe d'un pare-brise. © Peter Vann.

Entre course et route. La Ferrari 250 (1953), sur laquelle Pininfarina a particulièrement soigné l'aérodynamique, fut déclinée en une multitude de modèles, de la GT SWB (pour Short Wheel Base), à la GT spéciale, au caractère sportif et aux formes rendues plus agressives encore que sur la version de route. Photos © Peter Vann.

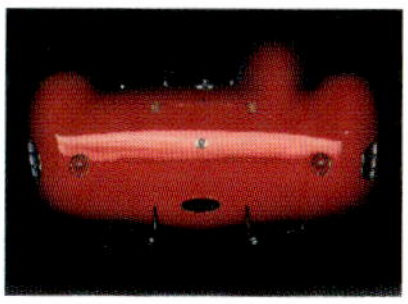

Rouge Testarossa. Le Spider 250 Testarossa reste l'un des modèles les plus célèbres, sinon le plus célèbre, des Ferrari de compétition. Pour la saison 1959, Pininfarina a revu le dessin de ce monstre pour le rendre plus efficace et plus homogène encore. La 250 Testarossa fut notamment pilotée pour la première fois par le Français Jean Behra aux douze heures de Sebring. © Peter Vann.

La ligne Pininfarina, à la frontière de l'indéfinissable, classe à coup sûr n'importe quelle voiture ayant le privilège d'en tirer ses lignes. © Archives Pininfarina. À la fin des années cinquante, la fameuse Testarossa – qui tient son nom de ses couvre-culasses peintes en rouge – apporta beaucoup à la réputation de la marque Ferrari en compétition. En soignant quelques détails de ce monstre des pistes, Pininfarina s'est associé à ce succès sportif et technologique. © Peter Vann.

L'élégance sportive. Page de gauche : 330 GTC 1965-1967, V 12, 3968 cc ; 330 GTS 1966, V 12, 3968 cc ; 275 GTB/4 1966-1968, V 12, 3285 cc ; 365 California, 1966, V 12, 4390 cc.
Page de droite : Dino 206 GT, 1967-1969, V 6, 1986 cc. ; Dino 246 GT, 1969-1974, V 6, 2418 cc. ; 365 GTB/4 1966-1968, V 12, 3285 cc. ; Dino 246 GTS, 1972-1974, V 6, 2418 cc. © D.R.

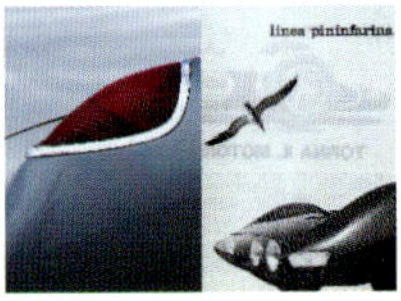

Le souci de la ligne. Ce feu arrière achevant la courbure supérieure d'une aile est une innovation qui a été appliquée à la plupart des modèles 250 GT de l'année 1957. © Peter Vann. La linea Pininfarina suggère que cette Dino, au bec étrange, se déplacera sur les routes du monde aussi sûrement qu'un albatros dessine en toute liberté son vol imprévisible dans l'immensité du ciel. © Archives Pininfarina.

Évolution. Détail d'une optique sur le feu arrière de la Pinin. Cette confortable berline, imaginée pour le cinquantième anniversaire de la firme turinoise, devait recevoir un moteur Ferrari de douze cylindres, mais Enzo Ferrari y mit son veto : ce projet s'éloignait trop de sa philosophie de l'automobile, la Pinin est restée à l'état de prototype. © Archives Pininfarina. La rondeur des lignes caractérise ce coupé 250 GT, comme nombre de créations Pininfarina. © Peter Vann.

L'audace. La 365 P est présentée par la firme Pininfarina elle-même comme l'une des plus sensationnelles automobiles de tous les temps. Son châssis – dérivé d'un modèle de sport 4 390 cm^3 ! – était en position centrale, juste derrière le conducteur, assis lui aussi au centre de la voiture. Les éventuels passagers trouvaient place de chaque côté de celui-ci. Une partie de sa ligne est directement inspirée du prototype de la Dino. © Archives Pininfarina.

Les années soixante-dix. Page de gauche : 365 GTB/4, 1971, V 12, 4390 cc ; 308 GTB, 1975, 90° V 8, 2926 cc ; 365 BB (Boxer), 1973-1976, horizontally opposed 12 cyl., 4390 cc ; 400 GT automatic 1976, V 12, 4823 cc.
Page de droite : BB 512 (berlinetta Boxer), 1976, horizontally opposed 12 cyl. 4942 cc ; Mondial 8, 1980, 90° V 8, 2926 cc ; 308 GTS, 1977, 90° V 8, 2926 cc ; GTO, 1984, 90° V 8, 2855 cc © D.R.

Haute technologie. Sacrifiant à la mode des années soixante-dix, Pininfarina explore avec la Ferrari 512 S des lignes nouvelles. C'est aussi le résultat d'une expérience en soufflerie entreprise en collaboration avec l'institut polytechnique de Turin. © Archives Pininfarina.

Le dessin de la vitesse. Étude aérodynamique pour l'écoulement de l'air vers les radiateurs sur les flancs d'une F40 à la fin des années quatre-vingt. Travail identique, mais moins élaboré, sur les ailes avant d'une 410 América super fast de 1957. Photos © Peter Vann.

Les courbes. Quand le design automobile côtoie la perfection cela donne des résultats qui génèrent parfois des émotions que seules des caresses sur les courbes de ces monstres froids peuvent apaiser. © Peter Vann.

Les métamorphoses d'une automobile. La F50 de 1995 (page de gauche) s'inspire directement de l'expérience de Ferrari en formule 1. Avec cette Grand Tourisme hors normes, les bureaux d'étude de Pininfarina et de Ferrari ont tenu à relever le défi consistant à adapter une voiture de route et les performances d'une monoplace de Grand Prix. À gauche, © Peter Vann. À droite © Archives Ferrari.

Tradition et haute technologie. La F50 est un monstre de haute technologie. Sa seule étude aérodynamique est le fruit d'un long travail effectué en soufflerie réalisée en collaboration avec Pininfarina. Les responsables du développement n'ont rien voulu sacrifier au confort pour mieux maîtriser la rigidité de la coque. D'où un comportement routier très efficace qui restitue tout le brio du douze-cylindres de 4,7 litres développant plus de cinq-cents chevaux. © Archives Ferrari.

Concept car. Véritable laboratoire de style, les bureaux d'étude de la Pininfarina ont également à leur actif quelques "concept car", véritables défouloirs pour les créatifs de l'automobile. La PF Modulo aux lignes futuristes est dessinée sur la base d'un châssis sportif. Elle reprend les principes de la 512 S en exploitant le concept de la modernité. © Peter Vann.

Futurisme. Inspirée d'un prototype de course de la série CanAm, la 512S berlinetta ne mesurait que 98 centimètres de haut. Les portières intégrant les entrées d'air pour les radiateurs et l'ensemble du pare-brise s'inclinaient vers l'avant pour permettre l'accès à l'habitacle de deux places. La partie arrière ne dissimulait pratiquement rien de l'ensemble en aluminium transmission-boîte de vitesses. © Archives Pininfarina.

Vers l'an 2000. Présentée au Salon de Paris en 1996, la F550 Maranello, fruit d'une collaboration intense entre les deux grandes maisons, a fait sensation. Avec un tel nom, cette berlinette est dispensée d'acte de naissance. Elle marque le retour du moteur avant sur une Ferrari et s'affiche comme la digne héritière de la Testarossa. À l'orée du XXIe siècle, la Maranello offre des performances extrêmes et les plus grandes émotions à qui la conduit. © Archives Ferrari.

L'Éditeur tient à remercier la maison Pininfarina et tout particulièrement Lorenza Pininfarina et Lorenzo Ramaciotti ainsi que la maison Ferrari et tout particulièrement Antonio Ghini et Antonella Leoni. Merci également à Patrick Lifshitz, Hervé Fontaine, Antoine Prunet, Peter Vann, Béatrice Dhenin et Bernard Asset pour leur aide à la réalisation de ce livre.